两个人的素食小日子

兔子步·著

化学工业出版社
·北京·

图书在版编目（CIP）数据

两个人的素食小日子 / 兔子步著 .—北京：化学工业出版社，2018.10

ISBN 978-7-122-32834-2

Ⅰ. ① 两… Ⅱ . ①兔 … Ⅲ . ①素菜－菜谱 Ⅳ . ① TS972.123

中国版本图书馆 CIP 数据核字 (2018) 第 185130 号

责任编辑：丰 华 李 娜　　装帧设计：子鹏语衣

责任校对：王素芹

出版发行：化学工业出版社（北京市东城区青年湖南街 13 号 邮政编码 100011）

印 装：北京尚唐印刷包装有限公司

710mm × 1000mm 1/16 印张 7½ 字数 250 千字 2018 年 11 月北京第 1 版第 1 次印刷

购书咨询：010-64518888 售后服务：010-64518899

网 址：http://www.cip.com.cn

凡购买本书，如有缺损质量问题，本社销售中心负责调换。

定 价：39.80 元

前 言

◇◇◇◇◇◇◇◇◇◇◇

开门见山地说，写这本《两个人的素食小日子》，有三个初衷：1. 让大众对食素有个全新的认识；2. 让烹饪新手树立烹饪信心；3. 给读者今后的烹饪实践带来一些引导和启发。

食素，每个人的原因不同，有的是因为环境，有的是因为信仰，有的是因为减肥，等等，但最能令我信服的是我先生的一段原创理论，我称它为“炉火理论”。先生是个爱思考的人，我常常叹惋，苹果怎么就没晚砸个几百年。言归正传，去年年底先生和我一起回老家，正值寒冬，家里生了火，一会儿加炭一会儿加玉米棒，这引起了先生对饮食的一段思考。先生的“炉火理论”认为，人体就好比是燃烧的炉火，而食物就是燃料，素食这种“燃料”营养较全面，给身体带来的负担少，很多素食富含粗纤维，有利于肠道蠕动。细想想，的确是这样，多数肉食热量较高，食用过多容易造成脂肪堆积，给身体带来各种健康问题。很明显的一个现象就是，现代物质丰富了，人们的身体反而不如物质匮乏时健康了，这就是物质丰富带来的负面影响。希望看到这些文字的人们能对素食有个新的认识，有关“炉火理论”我们在后面的章节里再详细讲。

接下来说说我烹饪的起因。我虽出生在农村，但并未很早就会洗衣做饭，比如几岁就要满脸烟灰地踩着小板凳给家人做饭洗大锅的场景不曾在我身上出现，所以允许我在此感谢家人对我的爱和呵护。到再大一些的时候，每次一张罗做饭，我娘就会说，你好好看书学习就行，别的事都不用你。所以直到大学毕业，我做饭的经验还是零。也曾有一段时间不得不下馆子，但吃不消的不仅是钱包，还有消化系统，不是胃痛，就是肠炎。

那时职场小白的我在生活中也是菜鸟，还单纯地认为购买的食物都是干净卫生的，更不知道添加剂是什么，反而常常觉得人家卖的东西怎么就那么好吃，这是在家里不曾吃到的啊。后来地沟油事件传得沸沸扬扬，才意识到原来只有家里的饭菜才是原汁原味的纯天然美食。为了把健康的菜品搬进日常，我便开始下厨，自己研究各种食材的功效和搭配。从一开始的拿不准到现在的游刃有余，也就几年时间，所以还没下过厨的烹饪新手大胆尝试吧，本书中的菜谱步骤都非常简单，从无从下手到充满思想也许只差这一本书。

在烹饪时常常觉得自己就是拿着魔法铲的丁零当啷大魔仙，食材在魔法铲下变成各种美食。烹饪是一件非常有创造性的活儿，这种创造吸引着人们不断探索。

出于以上原因的考虑，本书推崇食用和制作原味的素食，做法简单又能更大限度地保留食物营养，而且食用后不会给身体带来沉重负担。所以本书中的菜谱原料简单、制作简单，希望能给读者带来一些引导和启发。

本书的理论知识由我的先生郑大狗提供，感谢他对本书的贡献和对我写作的支持。同时也感谢父母和兄弟姐妹的支持，书中我做了这么多菜却没让大伙儿吃到，以后相聚的日子我一点点奉上。

兔子步 & 郑大狗

2018 年于春暖花开的日子

素主食

素蔬菜

素
汤羹

变！

素食，让炉火绵长而久远

◇◇◇◇◇◇◇◇◇◇◇◇

接着前言，我们再详细讲讲“炉火理论”。

先生的“炉火理论”认为，人体就像是一个燃烧的炉子，食物就好比燃料，每种燃料的燃点不同，释放的热量和强度不同，给人体带来的负担也不同。每种燃料加在炉中首先需要吸收炉子的热量来“点燃”自身，然后再释放更多的热量。这也就是为什么我们在吃完饭之后会犯困，因为消化食物也是需要能量的啊。

人体这个炉子有它的周期，虽然我们一直在寻找能令“炉火”一直燃烧下去的秘诀，但这只是我们的美好愿望，思想也许会永恒，“炉火”终究会随着年龄的增长而逐渐降温，到了一定阶段“炉火”会越来越小，所以常用风烛残年来形容老年人，油尽灯枯来形容即将离世的人，大概也是因为人与火有相似之处吧，而我们能做的就是让“炉火”燃烧得更久一些。

随着年龄的增长，如果还一味地胡吃海塞，身体就会出问题。用过火炉的人都知道，炉子使用时间长了就需要倒一下烟筒，因为烟筒会被日积月累的烟灰堵塞，烟筒堵塞后，炉火就会旺不起来了。试想一下，如果一个人每天给身体加入很多“燃料”，一开始也许不会有什么问题，但时间长了堆积的废料就会越来越多，而这些废料会直接影响到新“燃料”的消化和身体的健康程度。这些废料一旦积存在体内，可不是简单地像倒烟筒一样倒掉就行，很可能要付出很大代价。

为什么暴饮暴食伤身？还是把身体当成炉子，如果将很多燃料加在一个燃烧的炉子里会出现什么状况？如果炉火本来比较旺，就需要很长的时间才能缓过劲儿燃烧起来，如果炉火已经不旺了，又加了这么多的燃料，一下就可能熄灭了。所以少食多餐是很多学者推崇的养生习惯，及时补充，但一次不要补充太多。

再讲讲燃料的区别。肉类、主食和蔬果，是我们的基本食物，肉类好比燃料中的煤炭，主食像是木头，蔬果像是玉米棒，燃点从高到低依次是煤炭、木头、玉米棒，产生废料由多到少依次是煤炭、木头、玉米棒，燃点越高就需要吸收更多的热量来消化自身，而且产生的“废料”（这里的废料是指给身体带来负担的过剩脂肪、糖分等）较多。饮食油腻肥厚的人常被脂肪肝、高血压、肥胖等症困扰，这些其实都是体内代谢不掉的过剩营养，也就是“废料”惹的祸。这也是为什么我推崇清淡素食的原因，素食“燃点”低，含有的营养成分主要是维生素和矿物质，以及膳食纤维，它能够促进人体新陈代谢，有利于无法被人体吸收的物质排出体外，消化吸收后也不会给身体带来负担，尤其在身体较弱的情况下，如果食用“燃点”高的食物就很难消化，甚至会雪上加霜。试想一下，假如给一个不太旺的炉子里加一块煤炭，炉火也许会很快灭掉而不是更旺，但是如果加点玉米棒，就会持续燃烧起来。

素烹饪，该注意什么

◇◇◇◇◇◇◇◇◇◇◇

厨房，一个神奇的地方，食材在这里通过烹饪变成餐桌上的美味。三餐四季，烹饪俨然成了我生活中必不可少的部分。

怎样能更多地保留食材的营养，令食材最大限度发挥它们的价值就是我日常烹饪中极其注意的，在此提几点建议供大家参考：

素主食

菠菜炒饭

食话 菠菜中的草酸遇高温就会分解，所以在食用菠菜的时候，先在沸水中焯一下，这样会去掉大部分的草酸，但注意不要加热太久，避免菠菜含有的叶酸流失太多。

原料

菠菜	1棵
素鸡翅	40g
米饭	1碗
油	8g
大葱	1/4棵
盐	适量
熟黑芝麻	5g

步骤

01 素鸡翅提前泡好，挤去水分，切碎备用。

02 菠菜洗净，沸水中焯一下，捞出控水晾凉后切碎。

03 大葱切成葱花备用。

04 锅中热油，放入葱花和素鸡翅碎爆香，再加入菠菜碎翻炒。

05 随即加入米饭，调小火，一起翻炒。

06 撒入适量盐，翻拌均匀出锅。

07 装碗，撒上熟黑芝麻装饰。

蒜薹炒饭

食话 消化能力弱的人应少食蒜薹，或在制作时将蒜薹加工得更精细一些，因为蒜薹外皮含有丰富的膳食纤维，不易被消化，便秘者可多食。

原料

蒜薹	2 根
熟玉米粒	50g
胡萝卜	30g
米饭	1 碗
油	5g
盐	适量

步骤

01 蒜薹洗净，切成小碎段备用。

02 胡萝卜切成小丁备用。

03 锅中热油，加入蒜薹段翻炒均匀。

04 熟玉米粒和胡萝卜丁入锅一起翻炒均匀。

05 随即加入米饭和适量盐，一起翻炒均匀，关火出锅即可。

茶香拌饭

食话 据史料记载，中国是最早发现茶及食用茶的国家，茶叶的种类很多，按发酵程度的不同分为不发酵的绿茶、微发酵的黄茶、半发酵的乌龙茶、全发酵的红茶以及后发酵的黑茶等。茶叶不仅可以用来泡茶，还可以经过加工后食用。需要注意的是，生病吃药的人群不适宜食用茶叶。

原料

茶叶	5g
油	5g
盐	适量
米饭	1碗

步骤

01 先将茶叶泡开，然后捞出茶叶控干水。

02 锅中热油，煎香茶叶，加适量盐翻拌均匀，出锅。

03 把炒好的茶叶和米饭一起搅拌均匀即可！

酸汤挂面

食话 食醋有开胃养肝、抑菌杀菌的作用。需要注意的是，酸有收敛之性，需要“发汗”的时候不适宜食酸，酸会收敛毛孔，不利于发汗祛病。

原料

番茄	1个
油	8g
葱白葱花	5g
葱叶葱花	5g
酱油	1g左右
白醋	适量
盐	适量
水	1大碗
挂面	100g

步骤

01 番茄洗净切小块备用。

02 锅中热油，加入葱白葱花爆香。

03 加入番茄块翻炒，再加入酱油（可使番茄颜色更漂亮）翻炒。

04 此时可加入半汤勺水，盖上盖子让番茄块熬成酱。

05 往熬好的番茄酱中加入白醋和足够煮面的一大碗水。

06 烧开后撒适量的盐调味，然后放入挂面煮。

07 挂面煮好后关火，撒葱叶葱花提味装饰，出锅即可。

莜面蒸饺

原料

莜麦面粉	150g
沸水	130g左右
韭菜	200g左右
素鸡翅	40g
十三香饺子调味粉	3g
油	10g
酱油	2g左右
盐	适量

步骤

01 素鸡翅提前泡好，洗净后切成小丁，加入十三香饺子调味粉、油和酱油拌匀。

02 韭菜清洗干净，控水后切碎，加入素鸡翅丁中，再加入适量盐拌匀，饺子馅就做好了。

03 做蒸饺皮，将沸水逐渐加入莜麦面粉中，先用筷子搅拌成面块，待无干粉，再用手和成面团，注意面团不可太软，太软的话蒸饺会摊在蒸屉上，而不是立在蒸屉上。

04 莜麦蒸饺的饺子皮是捏出来的不是擀出来的。从大面团上揪一小块面团下来，约20g左右（无需撒干粉，莜麦面团是不粘手的），先揉圆，再压扁，用两手交替转圈捏成钵状，加入做好的饺子馅。因为莜麦饺子皮很容易被撑破，馅料不能多放，用指肚慢慢将边缘捏起来，就做好一个了，同样方法把剩余的做完。

05 锅中烧水，蒸饺放在铺有蒸笼布的蒸屉上，蒸20分钟左右即可出锅，出锅后稍晾一下再从蒸屉上取下食用。

红豆饭

原料

红豆	50g
大米	1碗

步骤

01 红豆洗净，提前一晚浸泡。
02 大米淘净，放入电饭锅。
03 泡好的红豆也放入电饭锅。
04 加入高出大米和红豆1cm的清水（根据锅的不同，酌情增减）。
05 按下煮饭键，直至电饭锅按键自动跳到保温键，红豆饭就做好啦！

洋葱炒饭

原料

洋葱	1/2 个
豆豉	1勺
油	5g
盐	适量
米饭	1 碗

步骤

01 洋葱去皮，洗净切成丁。
02 锅中热油，放豆豉炒香。
03 加入洋葱丁一起翻炒1分钟，再加入盐翻炒均匀。
04 加入米饭，调小火，翻炒均匀出锅即可。

开口笑

原料

红枣	9颗
黄米面	50g
温水	适量

步骤

01 红枣洗净去核备用。

02 往黄米面中逐渐加温水，直至能搓成面团。

03 将黄米面团搓成比枣核大一些的小面团，然后塞入去核的红枣中。

04 蒸锅中烧开水，把夹有黄米面团的红枣放在蒸屉上，蒸约20分钟即可。

番茄土豆打卤面

原料

番茄	1个
土豆	1/2个
油	5g
酱油	少许
盐	适量
面条	1人份

步骤

01 土豆去皮切小丁，番茄洗净切小块。

02 锅中热油，土豆丁先入锅翻炒，再加入少量酱油翻炒。

03 加入番茄丁一起翻炒，加少量水以免干锅。

04 加入适量的盐翻炒，盖上锅盖直至番茄丁成酱、土豆丁变软，卤就做好了。

05 另起锅加入适量水煮面条。

06 面条煮熟后出锅，浇番茄土豆卤即可。

炒揪片

原料

全麦粉 150g
水 90g左右
洋葱 1/2个
番茄 1个
油 7g
酱油 1g左右
盐 适量

步骤

01 全麦粉中加水，用筷子搅拌成絮状，再用手和成面团，醒片刻。
02 洋葱和番茄清洗干净，切丁备用。
03 醒好的面团，撒上干粉，擀成薄面片，此时锅中烧开水。
04 将薄面片切成条状，再用手揪成一块一块的小面片，边揪边放入沸水中煮，直到所有的小面片都入沸水中，再煮1分钟。
05 备1盆凉水，煮好的小面片捞入凉水中打散后待用。
06 另起锅热油，加入洋葱丁翻炒。
07 加入番茄丁一起翻炒，加酱油调色。
08 加入少量水焖一下，使番茄丁变软呈酱状。
09 小面片从凉水中捞出，加入番茄丁、洋葱丁中一起翻炒。
10 加盐调味，大火翻炒均匀即可出锅。

红枣黄米饭

食话 食谱中使用了自家种的黄米和红枣，黄米口感软糯又养脾胃，红枣香甜又补气血。每到春季我们都劝父母不要种地了太辛苦，可每年吃到父母收获的农产品又喜不自胜，也许这就是父母不听劝的缘由吧。

原料

红枣	半碗
大黄米	半碗
水	适量

步骤

01 大黄米淘干净，放入蒸碗，再在碗里加入清水，水面高于大黄米约1cm。

02 红枣清洗干净，摆在大黄米表面。

03 蒸锅烧开水，将蒸碗入屉，蒸约25分钟即可。

竹笋炒饭

食话

竹笋含有丰富的膳食纤维，可促进肠道蠕动，缓解便秘。也正因为它的高纤维，所以消化功能较弱的人群不宜食用竹笋。

竹笋含有草酸，在烹饪前需焯水，可以很大程度将草酸分解，口感爽脆却不涩口。

原料

竹笋	3根
小葱花	5g
油	5g
盐	适量
米饭	1碗

步骤

01 竹笋清洗后切小丁，焯水控干备用。

02 锅中热油，爆香小葱花。

03 加入竹笋丁炒香。

04 加入米饭翻炒均匀。

05 撒盐，调小火，翻炒均匀即可出锅。

素主食

莜面鱼鱼

食话 在莜麦产区有这样一句话“三十里的莜面，四十里的糕，二十里白面饿断腰”，说的是莜麦的扛饿程度，所以需要减肥的人群注意啦，食用莜麦可以有效减少食物摄入量，达到控制体重的目的。

原料

莜麦面粉	200g
沸水	200g 左右
番茄	2 个
平菇	200g
油	7g
葱白花	5g
酱油	2g 左右
水	20ml
盐	适量
大蒜	1/2 头
陈醋	80g

步骤

01 往莜麦面粉中加入刚烧开的水，拿筷子来回搅拌至没有干面粉，趁热用手和成莜麦面团。

02 取一小块面团，双手来回搓，搓成筷子粗细的两头尖的面棍，再用掌心按一下，就成了中间扁两头尖的莜面鱼鱼。重复以上动作，直至莜面面团用完。

03 蒸锅中烧热水，铺好蒸笼布，将莜面鱼鱼放在上面，蒸25分钟后出锅。

04 番茄洗净切丁备用。

05 平菇洗净撕小朵备用。

06 锅中热油，爆香葱白花。

07 平菇朵入锅翻炒，加入酱油一起翻炒1~2分钟。

08 加入番茄丁翻炒1分钟。

09 加入少量水，盖上盖子使番茄丁熬成酱。

10 撒入盐调味，翻拌均匀，关火出锅。

11 大蒜去皮捣成泥。

12 大蒜泥中加入陈醋，蒜泥陈醋汁就做好了。

13 蒸好的莜面鱼鱼稍微撕开，浇上做好的汤汁，拌匀开吃！

荞面猫耳朵

原料 一人份

荞麦面粉	50g
全麦粉	50g
水	60g左右
玉米面	适量
土豆	1个
茄子	1/2个
油	10g
酱油	1g左右
盐	适量

步骤

01 土豆去皮洗净切丁。

02 茄子洗净切成与土豆同样大小的丁。

03 锅中热油，加入土豆丁和茄子丁翻炒，再加入酱油一起翻炒2分钟。

04 加入半碗水，炖到土豆丁和茄子丁变得绵软。

05 加盐，翻拌均匀出锅备用。

06 荞麦面粉和全麦粉混合，加水和成稍硬的面团，因为要做猫耳朵，面团软的话不好塑形。

07 面团周围撒上玉米面（玉米面是用来做干粉的，以免搓的猫耳朵粘在一起，其他面粉也可以代替玉米面，只是玉米面防粘效果好一些）。

08 先从面团上揪一小块面，蘸玉米面，搓成长条，从长条上揪一点面下来，在手掌上用另一只手的拇指往下搓，一个猫耳朵就做好了。

09 锅中烧水，放入猫耳朵煮5分钟左右，直到所有猫耳朵都浮起来就算熟了。

10 煮熟的猫耳朵捞在碗里，把汤汁浇在上面，大功告成！

蒸蒿子秆叶

食话 这是完全可以当主食的一款养脾“菜”。再搭配用蒿子秆制作的菜，一顿饭就着落啦。

原料

蒿子秆叶	100g
玉米面 100g	左右
盐	适量
油	10g

步骤

01 蒿子秆叶清洗干净，倒入油，加适量盐拌匀。

02 把玉米面逐渐撒入蒿子秆叶中，边撒边抓叶子，使每片叶子都裹满玉米面。

03 蒸锅烧开水，将裹好玉米面的蒿子秆叶放在蒸屉上，蒸15分钟。

04 出锅食用即可。

葱花饼子

食话 为增加营养，饼中加了玉米面，但口感会稍硬，不喜欢的话也可以不加。面糊的软硬度可自行调整，加水面糊就软一些，成品口感也会软一些，但不能太稀，以免不成形。

原料

可制作五六个饼子

鸡蛋	2个
大葱	40g
玉米面	40g
全麦粉	70g
水	150g左右
盐	适量
油	适量

步骤

01 将鸡蛋磕入大碗中。

02 往蛋液中加入葱花和水，搅拌均匀。

03 筛入玉米面和全麦粉，搅拌成面糊。

04 按自己口味加入盐拌匀。

05 锅中热一点油，来回晃一下锅，使油铺满锅底。

06 舀一勺面糊放入热好的油锅中，改小火（切记不可大火，很容易焦），晃一下锅，用铲子摊开呈薄圆片。

07 面糊底部凝固后，翻面再烙一下，反复几次，面饼就熟了，出锅继续下一个，直到用完所有面糊。

醋汤挂面

原料	
葱花	5g
陈醋	12g
盐	适量
沸水	100g 左右
挂面	100g

01 葱花加盐和陈醋搅拌均匀。

02 锅中烧水，舀一勺沸水倒入葱花陈醋中，做成葱花醋汤。

03 在剩余的沸水中煮挂面，挂面煮好后捞在葱花醋汤中即可。

老干妈炒饭

原料

鲜香菇	2朵
胡萝卜	30g
油	7g
老干妈	1勺
盐	适量
米饭	1碗

步骤

01 鲜香菇和胡萝卜清洗后切小丁备用。

02 锅中热油，加入鲜香菇丁和胡萝卜丁翻炒。

03 加入1勺老干妈一起炒香。

04 加入米饭翻炒均匀。

05 撒盐调味，翻炒均匀即可出锅。

芥末饭团

原料

米饭	1小碗
芥末酱	2g
牛油果	1/2个
海苔	若干

步骤

01 米饭中加入芥末酱拌均匀。

02 芥末米饭捏成长方体的饭团。

03 牛油果去核去皮，切片放在饭团上。

04 海苔在饭团上裹一圈即可。

素主食

萝卜寿司

原料

白萝卜	5g
水果萝卜	5g
樱桃萝卜	5g
胡萝卜	5g
米饭	1碗
寿司醋	10ml
海苔	适量

步骤

01 所有萝卜洗净切碎（樱桃萝卜带皮或去皮就有两种颜色了）。

02 米饭中加入寿司醋搅拌均匀，放入寿司模具中定型。

03 米饭定型后裹上海苔，上方的海苔要超出米饭的高度。

04 各色萝卜丁装在寿司顶部即可。

黑米饭

原料

黑米	50g
大米	50g
葡萄干	30g

步骤

黑米、大米、葡萄干淘净，混合一起，放入电饭锅，再加入高出米约1cm的清水，电饭锅开到煮饭状态，直到电饭锅按键自动跳到保温状态即可。

豆渣窝窝

食话 磨完豆浆后剩余的豆渣，扔了可惜， 留着不知如何食用，这款食谱就是解决这个问题的。

原料

黄豆渣 / 黑豆渣	125g
全麦粉	70g 左右
葱碎	35g
油	8g
盐	适量

步骤

01 豆渣中加入葱碎和油搅拌均匀。

02 全麦粉筛入豆渣中，再加入适量盐，和成豆渣面团。

03 将豆渣面团分成小团，再揉成椭圆形的豆渣窝窝。

04 蒸锅中烧开水，豆渣窝窝入锅蒸约25分钟即可出锅。

黑豆炸酱面

原料

黑豆	50g
杏鲍菇	1/2个
干酱	50g
油	10g
花椒	2g
大料	1g
黄瓜	1/4 根
胡萝卜	1/4 个
面条	1人份

步骤

01 黑豆提前泡好，泡得不能膨胀了就是泡好了。

02 锅中烧开水，放入泡好的黑豆，还有大料和花椒，把黑豆煮成五香味，煮好后捞出备用。

03 煮黑豆的同时把杏鲍菇洗净切成小丁。

04 干酱中慢慢加入水稀释成糊状。

05 锅中热油，加入杏鲍菇丁，煎至杏鲍菇丁呈金黄，逐渐缩小。

06 加入煮好的黑豆，一起翻炒。

07 加入干酱糊，边加热边搅拌，熬至酱冒泡关火出锅。

08 黄瓜和胡萝卜洗净切成丝。

09 另起锅添水加热，水沸腾后下面条，面条煮好出锅。

10 在煮好的面条上码好黄瓜丝和胡萝卜丝，再浇上黑豆炸酱即可。

黑珍珠丸子

原料

黑糯米	50g
干香菇	5朵
大葱	1/2棵
五香粉	3g
油	20g
酱油	2g
盐	适量
淀粉	适量

步骤

01 黑糯米洗净浸泡，干香菇提前泡好切碎。

02 大葱洗净切葱碎。

03 香菇碎、葱碎、油、五香粉、酱油和盐一起拌匀。

04 淀粉少量分次加入步骤3中，边加边搅，直到可以和成团状。

05 浸泡好的黑糯米去水留米。

06 将步骤4中和好的淀粉团分成5g左右的小面团，滚一层黑糯米，放蒸屉上，直到都做成黑珍珠丸子。

07 蒸锅中烧开水，黑珍珠丸子入蒸锅蒸约20分钟，关火出锅即可。

茴香饺子

原料

茴香	100g
香菇	3朵
十三香饺子调味粉	3g
油	8g
盐	适量
饺子皮	适量

步骤

01 干香菇泡发洗净切碎（鲜香菇洗净切碎即可）。

02 茴香洗净切碎，和香菇碎混合。

03 往茴香碎和香菇碎中加入十三香饺子调味粉、油和适量盐，和成馅料。

04 将馅料包在饺子皮中，包成饺子。

05 锅中烧水，包好的饺子下沸水中煮好出锅即可。

CHAPTER 2

1
CHAPTER

1. 调味品能少加则少加，口味上能清淡则清淡。调味品分天然调味品和化学合成调味品，化学合成的调味品最好不要加，而天然的调味品有的能提味，有的会破坏食材原本的味道，所以为保持食材原本的味道能少加则少加。口味上尽量清淡，制作素食不要刻意仿荤，仿荤的素食一般口味较重，食用后需要体内较多的能量才能消化，其产生的热量高，所以家庭用餐只为健康不建议仿荤，原汁原味的素菜才是我们应该追求的。

2. 关于盐的问题，我在本书菜谱中均用适量表示，原因是每个人咸淡口味不一样，但依然希望您的适量不要太咸，食用太咸的食物不利于身体健康，加盐适可而止！

3. 对于一般的原料，烹饪时间能短则短。很多人在烹饪素菜的时候要用很长时间，其实这样长时间的烹饪会丢失大部分的营养，因此为保留菜品的营养最好缩短烹饪时间。

4. 烹饪温度能低则不高。有的人炒菜喜欢大火爆炒，但其实很多蔬菜的营养在高温下会遭到破坏，所以烹饪温度不宜太高。现在流行的低温烹饪也是这个道理。

5. 说点题外的，就是餐桌和餐具的选择，餐桌和餐具并不会影响到食物的营养，但能对人们的食欲产生影响。举个例子，很多餐馆的桌椅都是暖色调，比如橙色、红色等，使用的餐具也是橙色、红色等暖色调的，别看这些颜色，可不是随便定的，恰恰是精心设计的，因为暖色的用餐环境更能勾起人们的食欲。而相对高雅一些的饭店会装修成深色调的，留意的人们会发现，这样的饭店菜量往往也不会很大，且吃不多点就饱，这些都是用餐环境对食欲的影响。由此，在日常生活中，想要减肥少食的人群不妨用一些冷色调的餐桌、餐具来辅助控制食量。

此外，还应注意在一顿饭的烹饪之始，在食材选择上，种类和色彩尽量丰富一些，保持营养均衡，每种菜轮流食用，不宜一种菜连续食用很多天，这样容易缺乏某些营养。

素蔬菜

荠菜烩豆腐

食话

春季荠菜比较鲜嫩，人们常常挖荠菜来烹饪。但需要注意的是体质虚寒的人不适宜食用。

原料

豆腐	200g
荠菜	100g
油	7g
葱花	10g
酱油	1g 左右
盐	适量
水	50g 左右

步骤

01 豆腐切小块备用。
02 荠菜洗净切小段。
03 锅中热油，放入葱花爆香。
04 加入豆腐块翻炒。
05 加入酱油翻炒，使豆腐块提味上色。
06 加入水，盖上盖子烩豆腐块。
07 加入荠菜段翻拌均匀，烩片刻。
08 加入盐，拌匀调味，收汁后关火出锅即可。

韭菜香菇丝

原料

韭菜	200g
香菇	3 朵
油	7g
盐	适量

步骤

01 香菇提前泡发，切成条状，如果是鲜香菇，洗净切条即可。

02 韭菜清洗干净，切成约6cm长的段，和香菇条长度相当。

03 锅中热油，加入香菇条翻炒1分钟，然后加入韭菜段翻炒至断生。

04 加入盐翻炒拌匀，出锅装盘。

蟹味菇炒油菜

食话 蟹味菇能提高人体免疫力，其营养价值高于一般菇类。

原料

蟹味菇	100g
油菜	3 棵
油	5g
草菇老抽	1g 左右
盐	适量

步骤

01 将蟹味菇一个个分开，清洗干净；油菜清洗干净，切成小段。

02 锅中热油，放蟹味菇翻炒1分钟，滴入少许草菇老抽翻炒均匀。

03 加入油菜段一起翻炒，加入适量盐，翻炒至断生，出锅装盘。

杏鲍菇黄瓜卷

食话

清爽的黄瓜卷着滑嫩的杏鲍菇，啧啧，太美味了！

原料

杏鲍菇	1个
黄瓜	1根
油	适量
盐	适量

步骤

01 杏鲍菇洗净，切成长约5cm、宽和高各2cm的条。

02 黄瓜去两头切成约15cm长的段，可用中间较粗的部分，用削皮器削成薄薄的黄瓜片。

03 锅中倒入一层薄油，烧热后放入杏鲍菇段，把每一面都煎黄，煎熟后杏鲍菇会缩小一些，这时候撒入适量盐，稍翻拌一下。

04 取一片黄瓜片，将煎好的杏鲍菇段放在黄瓜片的一头，卷起，逐个卷好摆盘即可。

清水素锅

食话 需要注意的是在制作素锅的时候，能调味的蔬菜要早入锅煮，味道较淡的不能久煮的蔬菜要晚入锅。

原料

海带	80g
白菜	2片
香菇	2朵
白萝卜	2片
豆腐	2片
胡萝卜	2片
蒿子秆	150g
芦笋	2根
魔芋丝结	2个
火锅蘸料	1袋

步骤

01 所有食材都清洗干净，切片或切块备用。

02 锅中烧沸水，加入海带和白菜以及适量盐，煮5分钟。

03 加入香菇、白萝卜、豆腐、胡萝卜和魔芋丝结煮3分钟。

04 加入蒿子秆和芦笋，煮2分钟出锅。

05 煮熟的食材可配合火锅蘸料食用，煮蔬菜的汤可以当菜前汤饮用，营养不浪费。

核桃芹菜

原料

核桃	3个
芹菜	150g
油	5g
盐	适量

步骤

01 核桃去壳，剥出核桃仁备用。

02 芹菜去叶洗净，将芹菜茎切段。

03 锅中热油，放核桃仁稍炸一下。

04 放入芹菜茎段一起翻炒1分钟。

05 加盐，再翻炒半分钟关火出锅。

玫瑰菠菜

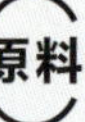

食话 自制玫瑰醋非常简单，将5g食用干玫瑰加入500ml白醋（最好是粮食酿造的白醋）中浸泡，白醋会慢慢变成玫瑰色，直到颜色不再加深为止，滤去玫瑰，玫瑰醋就制作好了。需要注意的是玫瑰有活血化瘀的作用，孕妇和女性经期谨慎食用。

原料

菠菜	200g
熟黑花生	40g
玫瑰醋	20g
白糖	5g
盐	适量
熟白芝麻	3g

步骤

01 菠菜洗净备用。

02 玫瑰醋、白糖和盐混合调匀成醋汁，加入熟黑花生浸泡。

03 锅中烧开水，放入菠菜焯一下，出锅后控水晾凉。

04 将浸泡好的黑花生随醋汁一起倒在菠菜上。

05 撒上熟白芝麻即可。

香椿鹰嘴豆

食话 香椿味道鲜美，但属发物，酌情食用。

原料

鹰嘴豆	60g
香椿	60g
花椒	2g
大料	1g
盐	适量
香油	1g左右
陈醋	20g

步骤

01 煮鹰嘴豆，加入大料和花椒，加盐调味，煮熟后就是五香口味的（鹰嘴豆提前一晚浸泡，煮时可节约时间）。

02 香椿清洗干净，在沸水中焯一下，捞出控水，切成香椿碎。

03 煮好晾凉的鹰嘴豆和香椿碎放一起，撒上盐、香油和醋拌匀即可。

素蔬菜

醋烹绿豆凉粉

食话

这里的香椿完全可以用葱花代替，也可以使用您喜欢的其他食材。

原料

A: 凉粉原料（可以制作两盘凉粉）

绿豆淀粉	100g
水	绿豆淀粉体积的5倍

B: 陈醋汤

陈醋	100g
油	5g
花椒	2g
葱花	10g
香椿	50g
盐	适量

步骤

A: 凉粉的制作步骤

01 称100g绿豆淀粉（一小碗），再用同样的碗量绿豆淀粉体积5倍的水。

02 将水分次倒入绿豆淀粉中搅匀。

03 将绿豆淀粉水倒入锅中大火加热，边加热边搅拌，以免煳锅，煮到开始冒泡转小火，加热至淀粉糊变透明，代表熟透。

04 将熟了的淀粉糊舀在容器中晾凉备用。

B: 陈醋汤的制作步骤

01 香椿洗净切碎。

02 油烧热加入花椒炒香。

03 加入葱花和香椿碎爆香，再加入适量的盐。

04 倒入陈醋，加热到陈醋烧开即可关火出锅。

晾凉的绿豆凉粉倒扣在案板上，切成细条装盘，将晾凉的陈醋汤倒在凉粉上即可。食用的时候自下而上地吃，因为下面的滋味浓，够酸爽。

西蓝花塔

食话 这款西蓝花塔是以水煮的方式制作的，它算得上水煮菜中的“战斗菜”了，色香味俱全。

原料

西蓝花	1/2个
胡萝卜	50g
香油	3g
盐	适量
陈醋	5g

步骤

01 西蓝花洗净，切小朵。

02 胡萝卜切薄片，再用模具刻花型（刻花可省略）。

03 锅中烧水，加入西蓝花朵和胡萝卜片焯水 3 分钟左右，捞出后控干晾凉。

04 加入盐、香油和陈醋拌匀即可。

番茄菜花

原料

番茄 1/2个
菜花 300g
油 7g
酱油 少许
盐 适量

步骤

01 菜花洗净掰成小朵，番茄洗净切小块。

02 锅中热油，先放入菜花朵翻炒，再加入番茄块翻炒，这时候加入少量酱油（番茄的颜色会更鲜艳）翻炒，如果锅底有些干就加少量水。

03 焖一会儿让番茄块熟透，加入盐翻炒均匀出锅即可。

（也可以先把番茄块炒成酱出锅备用，再炒菜花，然后把番茄酱加进去一起翻炒均匀。）

南瓜芦笋

食话 芦笋中含有嘌呤，嘌呤在人体内氧化会变成尿酸，人体尿酸过高就会引起痛风，所以痛风患者不宜食用芦笋。

原料

南瓜	1/4 个
芦笋	3 根
油	5g
盐	适量

01 南瓜洗净去瓤去皮，切成小块。

02 蒸锅中烧开水，南瓜块放蒸屉，入蒸锅蒸15分钟后出锅备用。

03 芦笋洗净切大段备用。

04 炒锅低温热油，把芦笋段稍煎一下，再加入蒸好的南瓜块一起翻炒。

05 加盐翻炒均匀即可出锅。

莲花蛋心

原料

洋葱	1/2 个
鸡蛋	3 枚
油	10g
盐	适量

步骤

01 洋葱去皮洗净切花瓣状。

02 鸡蛋打散后加盐拌匀。

03 锅中热油，倒入鸡蛋液，翻炒成鸡蛋块出锅。

04 洋葱瓣入锅，加盐，翻炒半分钟关火出锅，用筷子将洋葱瓣装饰在鸡蛋块边缘即可。

包菜炒木耳

食话 木耳具有降血脂、活血化瘀以及清肠的作用，制作时一定要清洗干净。

原料

木耳	5朵
包菜	1/4个
油	5g
酱油	少许
盐	适量

步骤

01 木耳提前泡发，泡好后清洗干净，撕小朵，包菜清洗干净撕成小片。

02 锅中热油先放入包菜片翻炒，再加入木耳朵一起翻炒。

03 加入酱油和盐翻炒至熟，出锅装盘即可。

苦瓜炒素翅

食话 苦瓜有降血压、降血糖、清火养心的作用，但性寒凉，不可过量食用。

原料

苦瓜	1根
素翅	80g
油	7g
酱油	1g左右
盐	适量

步骤

01 加温水泡软素翅，洗净后撕成小块备用。

02 苦瓜洗净去瓤，先竖着切成两半，再切成半圆的片状。

03 锅中热油，苦瓜片和素翅块一起入锅翻炒。

04 加入酱油翻炒1分钟。

05 加盐，翻炒均匀，关火出锅。

桂圆炒瓜翠

食话 瓜翠即西瓜皮，人们吃完西瓜常把瓜翠扔掉，其实瓜翠有很好的消暑解热、开胃利湿等功效，但需注意的是脾胃寒湿者不宜食用。

原料

西瓜	1/4 个
干桂圆	10 颗
油	5g
盐	适量

步骤

01 干桂圆去皮，将果肉在热水中软泡备用。

02 西瓜去掉瓤和最外层的绿皮，将瓜翠切成条状备用。

03 锅中热油，加入瓜翠条和桂圆肉一起翻炒片刻。

04 加少许盐，翻拌均匀即可出锅。

拌穿心莲

食话 穿心莲有清热凉血、消肿止痛以及预防高血压的作用，但其性寒，体质虚寒的人群不适宜食用。

原料

穿心莲	200g
大蒜	2 瓣
陈醋	7g
盐	适量
熟白芝麻	3g

步骤

01 穿心莲洗净，将叶子和茎掰成小块，焯水沥干。

02 大蒜切碎备用。

03 往晾凉沥干的穿心莲块中撒盐，加大蒜碎和陈醋拌匀。

04 撒上熟白芝麻即可。

黑花生拌洋葱

原料

原料	
熟黑花生	40g
洋葱	1/2个
砂糖	3g
陈醋	10g
盐	适量

步骤

01 砂糖、陈醋和盐一起拌匀，泡入熟黑花生，腌10分钟左右即可。

02 洋葱去皮，洗净后切丁。

03 洋葱丁倒入黑花生中，连同醋汁一起搅拌均匀即可食用。

凉拌紫甘蓝

食话 紫甘蓝含有丰富的膳食纤维，消化系统不好的人群不宜食用过多。

原料

紫甘蓝	100g
尖椒	1/2 个
香油	1g
陈醋	10g
盐	适量

步骤

01 紫甘蓝洗净，切细丝。

02 尖椒洗净切细丝备用。

03 紫甘蓝丝和尖椒丝放一起，加入香油、盐和陈醋拌匀即可食用。

蒜泥茄子

原料

圆茄子	1/2个
大蒜	3瓣
陈醋	15g
香菜	1棵
盐	适量

步骤

01 茄子洗净切条，放蒸屉上蒸10分钟左右，取出晾凉。

02 大蒜瓣捣成泥，加入陈醋和适量的盐搅拌均匀。

03 香菜洗净切小段。

04 蒜泥醋汁和香菜段一起加进晾凉的茄子条中，拌匀即可。

蒜香茼蒿

原料

茼蒿的秆	200g
大蒜	2瓣
油	5g
盐	适量

步骤

01 茼蒿去叶，将秆清洗干净切段。

02 大蒜瓣去皮切碎备用。

03 锅中热油，放大蒜碎爆香。

04 加入茼蒿段翻炒1分钟。

05 加入盐调味，再翻炒1分钟，关火出锅即可。

蔬果土豆泥

原料

土豆	1个
牛油果	1/2个
熟玉米粒	50g
胡萝卜	30g
盐	适量
香油	2g

步骤

01 土豆洗净去皮切块。

02 蒸锅中烧开水，土豆块放蒸屉上蒸熟。

03 将蒸熟的土豆块压成泥，加点水会更容易形成土豆泥。

04 牛油果去皮去核，将果肉切丁放入土豆泥中。

05 胡萝卜洗净切丁和熟玉米粒一起放入土豆泥中搅拌均匀。

06 加入适量的盐和香油，搅拌均匀即可。

糖醋猴头菇

原料

鲜猴头菇	1个
冻豆腐	1/2块
葱花	5g
油	7g
砂糖	10g
陈醋	15g
酱油	1.5g
水	100g（第一份）
淀粉	15g
水	80g（第二份）
盐	适量

步骤

01 猴头菇清洗干净撕小朵（如果是干猴头菇，要提前泡好，期间可以换几次水去除苦味）。

02 冻豆腐切小块备用。

03 砂糖、陈醋、酱油、水（第一份）一起调成糖醋汁备用。

04 锅中热油把葱花爆香，加入猴头菇朵和冻豆腐块一起翻炒片刻。

05 加入糖醋汁，盖盖焖片刻，这时用淀粉加水（第二份）搅拌成水淀粉（另一种做法是将淀粉和水一起加入步骤3中的糖醋汁里，但这样汤汁会很快地变浓稠，分开加糖醋汁会更入味一些）。

06 水淀粉倒入锅中，再加入盐调味，糖醋汁变浓稠后即可出锅。

番茄炖豆腐

原料

番茄	1/2 个
北豆腐	300g
葱花	10g
油	7g
酱油	1.5g 左右
盐	适量

步骤

01 番茄洗净切小丁。
02 将北豆腐切小块。
03 锅中热油，加入葱花爆香。
04 将北豆腐块入锅翻炒1分钟，再加入酱油翻拌至上色。
05 加入番茄丁一起翻炒，不要翻炒的太用力，否则北豆腐块会碎。
06 加入1勺清水，盖上盖子炖至番茄丁成酱。
07 改小火加入盐，翻拌均匀，关火出锅即可。

海带炒黄豆

食话 海带含碘丰富，性寒，所以脾胃虚寒的人应少食或不食。

原料

鲜海带	80g
黄豆	100g
大料	1g
花椒	2g
油	5g
酱油	1g
盐	适量

步骤

01 黄豆洗净，浸泡一晚备用。

02 鲜海带洗净切小块。

03 锅中烧开水，放入黄豆和鲜海带块，加入大料和花椒一起煮5分钟左右，捞出备用。

04 炒锅热油，加入黄豆和鲜海带块一起翻炒。

05 加入酱油翻炒，锅干的话可以点入少量清水。

06 加盐，翻拌均匀，关火出锅即可。

竹笋香菇

食话 竹笋中含有草酸，在烹饪时一定要提前焯水，可以很大程度上去除草酸。

原料

竹笋	6 根
香菇	3 朵
油	5g
盐	适量

步骤

01 香菇提前泡好，洗净切丝，如果是鲜香菇直接洗净切丝。

02 竹笋切段备用。

03 锅中热油，加入香菇丝和竹笋段一起翻炒2分钟。

04 加入适量的盐调味，翻拌均匀出锅即可。

冬瓜炒薏米

食话 冬瓜和薏米都有健脾除湿的作用，非常适合脾湿和体湿的人群食用，但是应注意大便秘结、小便频多的人及孕早期的妇女不宜食用。

原料

冬瓜	200g
薏米	40g
油	5g
盐	适量

步骤

01 薏米洗净，加热水浸泡2小时。

02 冬瓜洗净切片。

03 锅中热油，冬瓜片和泡好的薏米同时下锅翻炒。

04 加入30g左右清水焖2分钟。

05 加入盐调味，大火收汁，关火出锅即可。

炖四黄

原料

南瓜	80g
红薯	80g
玉米	1/2 根
胡萝卜	80g
油	7g
酱油	1g 左右
盐	适量

步骤

01 玉米提前煮好，剁成小块备用。

02 南瓜、红薯和胡萝卜洗净，切滚刀块备用。

03 锅中热油，放入玉米块、南瓜块、红薯块和胡萝卜块一起翻炒。

04 加入酱油调色，再加入小半碗水，盖盖。

05 炖至南瓜块、红薯块和胡萝卜块熟透后，加盐调味关火出锅即可。

绿豆芽炒魔芋丝结

食话 绿豆芽是我亲自培育了六天的成果，口感味道都比买的强太多。自制豆芽其实很简单。绿豆洗净后，用凉白开泡到绿豆不再吸水（一般泡一个晚上），倒掉水，清洗一下，盖上保鲜膜，放在温暖的地方让它们自由生长。期间，每天要过一下水，但不要浸泡在水中，让豆芽保持湿润温暖即可。为了使豆芽长得粗壮，可以在豆芽上方压点有分量的物体。一般一周左右就可以食用了。食用前要反复清洗，去掉豆皮和不新鲜的豆瓣。

原料

绿豆芽	100g
魔芋丝结	100g
油	5g
陈醋	8g
盐	适量

步骤

01 绿豆芽和魔芋丝结清洗干净备用。

02 锅中热油，加入绿豆芽和魔芋丝结一起翻炒。

03 加入陈醋翻炒1分钟。

04 加入盐调味，翻炒均匀后出锅。

清炒莴笋胡萝卜

原料

莴笋	150g
胡萝卜	50g
油	7g
盐	适量

步骤

01 莴笋洗净，去皮切丝。

02 胡萝卜洗净切丝。

03 锅中热油，放胡萝卜丝翻炒半分钟。

04 加入莴笋丝一起翻炒2分钟。

05 加入适量盐，继续翻炒半分钟出锅。

焖二白

食话 人们在食用冬瓜的时候常常把冬瓜皮去掉，其实冬瓜皮有很好的清热解暑、利湿消肿的功效，而且含有丰富的粗纤维，能帮助大肠蠕动，缓解便秘。

原料

冬瓜	100g
白萝卜	100g
油	5g
酱油	1g
盐	适量

步骤

01 冬瓜洗净切条。
02 白萝卜洗净切条。
03 锅中热油，放入冬瓜条和白萝卜条翻炒。
04 加入酱油翻炒均匀，点入少量水，盖盖焖3分钟。
05 加盐调味，大火收汁，关火出锅即可。

酱香三丁

原料

土豆	1个
胡萝卜	1/2 根
黄瓜	1/2 条
油	7g
干酱	5g
盐	适量

步骤

01 土豆洗净去皮，切小方丁，胡萝卜和黄瓜也洗净切同样大小的方丁。
02 锅中热油，放入干酱爆香，加入土豆丁和胡萝卜丁翻炒至五成熟。
03 加入黄瓜丁一起翻炒。
04 尝一下看是否需要加盐，干酱够咸就不用加盐。
05 土豆丁熟透后即可出锅装盘。

香菇萝卜卷

原料

白萝卜	1/3 根
香菇	5 朵
五香粉	3g
油	10g
老抽	2g
生粉	适量（根据馅料干湿度加减）
盐	适量

步骤

01 干香菇泡发，洗净后切丁（鲜香菇直接洗净切丁）。

02 往香菇丁中调入五香粉、油、老抽和盐，腌制一下。

03 将生粉逐渐加入香菇丁馅料中，和成团状。

04 白萝卜洗净，切薄片，在沸水中焯一下，稍变软后捞出。

05 取一块香菇馅料，捏成长条状，用一片焯过的白萝卜片卷起来放在蒸屉上，同样方法把其余材料都做成香菇萝卜卷。

06 蒸锅烧开水，将卷好的香菇萝卜卷入锅蒸20分钟即可出锅。

烧冬笋

食话 在烹饪冬笋前，要用冷水或盐水充分浸泡冬笋，能够很大程度去除冬笋的涩味。烹饪时，加入少量的醋也可以去涩味。

原料

冬笋	1个
油	7g
酱油	2g左右
砂糖	5g
陈醋	8g
盐	适量

步骤

01 冬笋去皮洗净，先对半切开，再切成薄片，放入盐水中浸泡半小时。
02 捞出冬笋片，用清水冲洗两遍。
03 锅中热油，放入冬笋片翻炒，加入酱油和砂糖翻炒。
04 加入小半碗水盖盖焖5分钟。
05 加入陈醋翻拌一下，再焖3分钟。
06 加盐调味，大火收汁出锅即可。

彩椒芦笋

食话 芦笋不适宜痛风患者食用，应注意。

原料

芦笋	150g
红黄彩椒	各 1/4 个
油	5g
盐	适量
黑胡椒粉	1g

步骤

01 芦笋洗净沥干，切成两段备用。

02 彩椒洗净，切丝。

03 锅中低温热油，煎芦笋段半分钟。

04 彩椒丝入锅，一起再煎半分钟。

05 加入黑胡椒粉和盐调味，翻拌均匀出锅即可。

酸辣芥菜丝

食话 市售的即食芥菜丝含盐量高，高血压患者不宜食用。食用前需用清水反复泡洗，减少盐分再烹饪食用。

原料

芥菜丝	150g
油	5g
葱花	10g
干辣椒	1个
酱油	1g左右
陈醋	8g
盐	适量
熟白芝麻	5g

步骤

01 干辣椒切段备用。
02 锅中热油，加入葱花和干辣椒段爆香。
03 加入芥菜丝翻炒。
04 加酱油一起翻炒。
05 加适量盐翻炒（如果用的是即食的咸芥菜丝，此步省略）。
06 加入陈醋翻炒均匀后出锅。
07 撒熟白芝麻拌匀即可食用。

双椒藕丁

原料

莲藕	200g
红剁椒	1勺
尖椒	1/2个
油	7g
盐	适量

步骤

01 莲藕去头去尾洗净，切成小块后放入清水中。

02 锅中烧开水，放入藕丁焯一下。

03 尖椒洗净切碎。

04 锅中热油，放入红剁椒和尖椒碎翻炒。

05 加入藕丁一起翻炒2分钟。

06 撒盐调味后出锅。

香菇冬瓜条

原料

鲜香菇	3朵
冬瓜	150g
油	5g
酱油	1g
盐	适量

步骤

01 鲜香菇清洗干净，切成小条备用。

02 冬瓜洗净切条状。

03 锅中热油，放入香菇条和冬瓜条一起翻炒。

04 加入酱油翻炒半分钟。

05 加入少量清水，盖盖小火焖3分钟左右。

06 撒入盐调味，大火收汁后关火出锅。

剁椒木耳

原料

木耳	10 大朵
剁椒	1勺
葱花	5g
盐	适量

步骤

01 木耳提前泡发，洗净撕小朵。

02 锅中热油，放入剁椒和葱花爆香。

03 加入木耳朵翻炒，可稍加一点水，以防干锅，也能避免木耳噼噼啪啪地响。

04 加入适量的盐，翻炒至木耳熟透即可出锅。

拌萝卜缨

食话 这是一款非常有情怀的菜，记忆中家里种的萝卜，雨天过后，连叶带萝卜一同挖出。萝卜做热菜，叶子焯水后凉拌。萝卜缨吃起来有些辛辣，还带着一点淡淡的苦味。今天做的是这道凉拌萝卜缨，有清肺利咽、理气消食的功效。

原料

萝卜缨	200g
陈醋	10g
香油	1g
盐	适量
熟白芝麻	3g

步骤

01 萝卜缨洗净，焯水沥干。

02 将萝卜缨切碎。

03 陈醋、盐和香油加入萝卜缨碎中拌匀。

04 撒熟白芝麻点缀即可。

响油银耳

食话 银耳有滋阴润肺、养颜美容的功效。需要注意的是银耳有利肠的作用，易腹泻者不应多食。

原料

银耳	5大朵
葱花	5g
油	5g
盐	适量
陈醋	7g
黑白芝麻	5g

步骤

01 银耳温水泡发，洗净撕小朵，焯水沥干后晾凉。

02 银耳朵上放葱花。

03 炒勺中放油烧热，一下倒在银耳葱花上。

04 调入盐和陈醋，一同拌匀即可。

木耳炒蒜薹

原料

木耳	10大朵
蒜薹	100g
油	5g
酱油	1g
盐	适量

步骤

01 木耳提前泡发，洗净撕成小朵。

02 蒜薹洗净，切成约4cm左右的小段备用。

03 锅中热油，先放入蒜薹段翻炒，再加入酱油翻炒，如果干锅，可以加入少量的水。

04 放入木耳朵和蒜薹段一起翻炒，加入盐调味，再翻炒片刻即可出锅。

杏鲍菇烧山药

原料

杏鲍菇	1根
山药	1/2根
葱花	5g
油	10g
老抽	1g
盐	适量

步骤

01 杏鲍菇洗净斜切成片状。

02 山药洗净去皮，斜切成片状，放入清水中浸泡以免氧化变黑。

03 锅中热油，先煎炒杏鲍菇片。

04 加入山药片，和杏鲍菇片一起翻炒。

05 加入老抽，如果干锅，可加入少量清水翻拌，加少量水也能使杏鲍菇片和山药片上色均匀。

06 加入适量的盐，翻拌均匀即可关火出锅，撒葱花。

金针菇蒸秋葵

原料

金针菇	150g
秋葵	100g
辣椒	2个
油	1g
生抽	2g
盐	适量

步骤

01 金针菇择洗干净切成两段，摆盘。

02 秋葵洗净，斜切成小段摆在金针菇上方。

03 在摆好的菜上放点辣椒段，撒薄盐，均匀地倒入生抽和油。

04 蒸锅烧开水，把摆好盘的金针菇秋葵放入蒸屉蒸10分钟左右，出锅拌匀即可食用。

玉米炒山药豆

原料

熟玉米粒	100g
山药豆	150g
油	5g
盐	适量

步骤

01 山药豆洗净，入沸水煮熟，捞出备用。

02 锅中热油，放入熟玉米粒和山药豆一起翻炒。

03 加入盐调味，翻拌均匀即可出锅。

山药焖栗子

板栗的碳水化合物含量较高，糖尿病患者不宜多食。

原料

山药	1/2 根
熟栗子仁	100g
油	5g
盐	适量

步骤

01 山药洗净去皮，切滚刀块，放入水中备用。

02 锅中热油，加入山药块翻炒，再加入熟栗子仁一起翻炒。

03 加入盐翻拌均匀，盖盖焖片刻，即可出锅装盘。

西葫芦腰果

食话

腰果的脂肪含量高，胆功能不良者和肥胖症患者不宜多食。

原料

西葫芦	1个
熟腰果	50g
油	7g
盐	适量

步骤

01 西葫芦洗净，纵向切开，再切成半圆形的片。

02 锅中热油，加入熟腰果稍炸一下。

03 加入西葫芦片一起翻炒，稍加点水以免干锅。

04 加入盐调味，西葫芦片炒熟即可出锅。

彩椒杏鲍菇

原料

杏鲍菇	1根
黄椒	1/4个
红椒	1/4个
油	10g
黑胡椒粉	1g
盐	适量

步骤

01 杏鲍菇洗净斜切片。
02 彩椒洗净切丝。
03 锅中热油，先煎杏鲍菇片，煎至两面金黄。
04 加入黑胡椒粉拌匀。
05 加入彩椒丝一起翻炒。
06 加入盐调味，关火出锅即可。

海带炖鹌鹑蛋

原料

海带片	80g
鹌鹑蛋	10 多个
油	5g
酱油	1g 左右
盐	适量

步骤

01 鹌鹑蛋煮熟去皮。

02 海带片洗净切块。

03 锅中热油加入海带块翻炒。

04 加入酱油和鹌鹑蛋一起翻炒。

05 加入半碗水炖制。

06 海带块变软后，加入盐调味，收汁后关火出锅。

土豆炖芸豆

食话

芸豆在消化过程中会产生较多气体，食用过多会造成腹胀。

原料

白芸豆	50g
土豆	1个
油	7g
酱油	1.5g左右
盐	适量

步骤

01 白芸豆提前泡好，泡到皮不贴着肉的状态（大约一晚）。

02 土豆洗净去皮，切成小块备用。

03 锅中热油，加入土豆块翻炒。

04 加酱油和白芸豆一起翻炒均匀。

05 倒入小半碗水炖至土豆块和白芸豆熟透，加入盐，翻拌均匀即可出锅。

栗子白菜煲

原料

熟栗子仁	100g
白菜	150g
油	7g
酱油	1.5g 左右
盐	适量

步骤

01 白菜洗净切段备用。

02 锅中热油，加入白菜段和熟栗子仁一起翻炒。

03 加入酱油和沸水一起炖制。

04 出锅前加入盐调味，翻拌均匀出锅即可。

3
CHAPTER

素
汤羹

菠菜粥

原料

菠菜	1棵
小米	50g
水	1碗

步骤

01 菠菜洗净切小段备用。

02 小米洗净，冷水下锅，大火烧开，再用小火熬制。

03 出锅前2分钟加入菠菜段同小米一起熬。

04 2分钟后关火出锅。

香菇胡萝卜粥

原料

香菇	1大朵
胡萝卜	20g左右
大米（1人份）	50g
盐	适量

步骤

01 香菇提前泡发，洗净切小丁（如果是鲜香菇洗净切丁即可）。

02 胡萝卜洗净切丁。

03 大米淘洗干净，加1碗水，煮至大米开花。

04 加入香菇丁和胡萝卜丁熬5分钟。

05 加入适量盐调味，关火出锅即可。

玫瑰粥

食话 玫瑰有活血化瘀的作用，孕妇和女性经期不宜食用。

原料

食用干玫瑰 2朵
冰糖 5g左右
大米 50g
（1人份）

步骤

01 大米淘干净，加1碗水熬至开花。
02 食用干玫瑰揉碎加入粥里，加入冰糖一起熬5分钟。
03 关火出锅，可以在粥上撒点花瓣装饰。

闷绿豆汤

食话 绿豆有解毒解药的特性，服用药物期间不适宜食用绿豆，以免降低药物药性。制作时，需注意保温壶的保温性能，且一次不要放入过多绿豆，以免不熟。

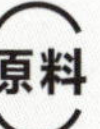

原料

绿豆	50g
开水	1壶

工具

保温壶

步骤

01 绿豆清洗干净备用。

02 锅中烧开水，灌入保温壶中。

03 洗净的绿豆放入保温壶中。

04 盖盖闷一晚，第二天绿豆汤就做好啦！

荠菜红枣汤

原料

荠菜	50g
红枣	5 颗
水	1 碗

步骤

01 荠菜洗净切成小段。

02 红枣洗净，用刀将红枣划开。

03 锅中烧开水，放入红枣炖5分钟。

04 放入荠菜段继续炖3分钟后即可出锅。

莲子枸杞粥

食话 莲子中的莲子心味苦，有显著的强心、降血压的作用，但其性寒，所以体质虚寒的人群在食用莲子的时候最好将莲子心去掉。

原料

莲子	25g
枸杞子	3g
大米	50g

（1人份）

步骤

01 莲子提前泡软，可购买去皮去心的莲子。
02 大米淘洗干净，同莲子一起下锅熬粥。
03 熬至大米开花，加入洗净的枸杞子再熬1分钟出锅即可。

草莓冰糖粥

原料

草莓	3个
冰糖	5g
大米	50g

（1人份）

步骤

01 大米洗净加1碗水熬粥。

02 草莓洗净切丁。

03 大米熬至开花后加入草莓丁和冰糖。

04 熬至冰糖融化即可出锅。

番茄面汤

原料

番茄	1个
油	5g
葱花	5g
酱油	2g左右
紫菜	2g
面粉	100g
盐	适量

步骤

01 番茄洗净切小丁备用。

02 锅中热油，放入葱花爆香。

03 加入番茄丁和酱油翻炒。

04 加入半勺水，盖盖将番茄丁熬成酱。

05 再加入一大碗水，继续熬制番茄汤。

06 将面粉放在大些的碗中，逐渐加水，每次只加一点，边加边用筷子靠着碗边画圆圈，直至所有面粉变成小碎面粒。

07 番茄汤熬好后，把小碎面粒逐渐加进汤中搅拌均匀。

08 紫菜入锅，加入适量的盐调味。

09 番茄面汤再次烧开后就可以关火出锅了。

三红南瓜汤

原料

红豆	50g
红枣	5枚
红糖	5g
南瓜	30g

步骤

01 红豆提前泡好，容易煮软。
02 红枣洗净用小刀划开果肉备用。
03 南瓜洗净切成细丝。
04 锅中烧开水，将泡好的红豆、红糖、红枣和南瓜丝一起加入。
05 煮至红豆和南瓜丝变得绵软即可关火出锅。

红糖山楂饮

食话 山楂有活血化瘀的作用，孕妇不能食用山楂，以免刺激子宫收缩造成不良后果。

原料（1人份）

山楂 3颗
红糖 1块（约5g）
水 400g

步骤

01 山楂洗净去核，将果肉切小丁。

02 锅中烧开水，把山楂丁和红糖一起放入沸水中，煮至果肉熟软即可出锅饮用。

芸朵羹

原料

白芸豆 50g
红豆 50g
红糖 5g

工具

裱花袋和齿状裱花嘴

步骤

01 提前一晚浸泡白芸豆，再用沸水煮软，压成泥状。

02 红豆也提前泡好，锅中加水，放入红糖和泡好的红豆，煮至红豆口感软绵，吸收了红糖的甜味即可，红糖红豆水不用熬干。

03 白芸豆泥装入裱花袋，在汤盘中挤出云朵形状，把红豆红糖水顺边缓慢倒入，再加入红豆即可。

冬瓜瓤香菜汤

食话 我们在食用冬瓜的时候，常常会将冬瓜瓤和冬瓜子去掉，殊不知，冬瓜瓤和冬瓜子也是利水消肿的佳品。本款汤饮使用的就是冬瓜瓤和冬瓜子，煮熟的冬瓜瓤口感丝滑，一点都不亚于冬瓜肉的口感。煮熟的冬瓜子可以去皮食用，如果不想食用也可以不放。

原料

冬瓜瓤	50g
冬瓜子	50g
香菜	5g
水	1碗
盐	适量

步骤

01 冬瓜瓤切薄片，冬瓜子掏出备用。
02 香菜洗净切段。
03 锅中烧开水，加入冬瓜瓤片和冬瓜子，煮至冬瓜瓤片呈透明状。
04 加入盐调味。
05 加入香菜段，出锅。

小米南瓜薏米粥

原料

小米	50g
南瓜	50g
薏米	40g
水	1碗

步骤

01 薏米洗净，提前浸泡两小时备用。

02 南瓜洗净切丁备用。

03 小米淘洗一下，和南瓜丁以及薏米一起加入锅中熬煮。

04 熬煮至南瓜肉香软，可融进汤里即可关火出锅。

醪糟果味汤

食话 醪糟有补气血、助消化、促进食欲等功效，但同时醪糟又含有一定酒精，因此患有肝病者酌情食用。

原料

醪糟	150g
木瓜	50g
芒果	50g
水	半碗

步骤

01 锅中烧开水，加入醪糟继续煮沸几分钟。

02 趁着煮醪糟，将芒果和木瓜洗净去皮切成小丁。

03 醪糟煮好关火，加入芒果丁和木瓜丁，搅拌均匀出锅装碗。

豆苗金针汤

原料

豌豆苗　5g
（1人份）
金针菇　15g
盐　适量

步骤

01 豌豆苗择洗干净备用。
02 金针菇一根一根撕开洗净。
03 豌豆苗和金针菇一起入沸水中煮5分钟。
04 加盐调味，出锅即可。

橙皮粥

食话 橙子皮有开胃健脾、散寒理气的功效，性温味苦，患有肠胃疾病的人群不宜食用。

原料

橙子	1个
大米	50g

步骤

01 橙子洗净，用搓皮器将橙子外表橙色的皮搓下来，搓1/2个橙子的皮即可（手边没有搓皮器的，也可以用刀慢慢切下橙子表面薄薄的一层皮，再切碎备用）。

02 大米淘干净。

03 锅中烧开水，加入大米和橙子皮一起熬煮，熬至自己喜欢的程度即可出锅。

百合莲藕粥

原料

百合	20g
莲藕	20g
大米	50g
（1人份）	

步骤

01 百合泡好，洗净备用。
02 莲藕洗净，切丁备用。
03 大米淘干净，加1碗水煮沸。
04 加入泡好的百合和莲藕丁一起熬粥，熬至大米变糯即可关火出锅。

豆腐香菜汤

原料

豆腐	100g
香菜	1棵
葱花	5g
香油	1g
陈醋	5g
盐	适量

步骤

01 豆腐切条状。

02 锅中烧1碗开水，下入豆腐条煮沸。

03 香菜洗净切小段。

04 香菜段中放入葱花、香油、陈醋和盐，搅拌均匀。

05 将拌好的香菜撒入豆腐汤中，搅拌匀即可出锅。

白萝卜紫菜汤

原料

白萝卜	15g
紫菜	3g
盐	适量

步骤

01 白萝卜洗净切薄片。
02 锅中烧开水，白萝卜片入水再次煮沸。
03 加入紫菜，一起熬煮3分钟。
04 撒盐调味，即可出锅。

杏干雪梨汤

食话 本款食谱使用的是老爸晒的杏干。记得小时候杏还没有成熟，小孩子们就已经成群结队地往杏林里跑，扎起衣服往里面塞的，嘴里还叼着的都是酸溜溜的杏。其实自己晒杏干是相当容易的，只需要一些杏和阳光。把杏洗净，捏开两半去核，将果肉摆在一个硬纸板上，在太阳下暴晒几天，干了就成。杏干很容易生虫，所以放在冰箱里冷冻最好，吃之前提前拿出来去凉气就行。

原料

杏干 15g
雪梨 1/2 个
水 1 碗

步骤

01 杏干洗净备用。
02 雪梨洗净去核切块。
03 锅中烧开水，加入杏干和雪梨块一起熬煮，煮至雪梨块呈透明状即可关火出锅。

六黑粥

原料

黑豆	20g
黑米	50g
黑花生	20g
黑糖	5g
木耳	2朵
熟黑芝麻	5g

步骤

01 木耳提前泡发，洗干净切丝备用。

02 黑豆、黑米、黑花生洗干净备用。

03 熟黑芝麻捣碎备用。锅中烧开水，将黑豆、黑米、黑花生、木耳丝和黑糖一起入锅熬煮。

04 熬好后出锅装碗，撒上熟黑芝麻碎即可。

首乌山药核桃粥

食话 本食谱中使用的是制首乌，它不同于生首乌，生首乌是直接切片的首乌，而制首乌是用黑豆煮汁拌蒸后晒干入药的首乌。

原料

粳米	50g
山药	50g
核桃仁	20g
制首乌丁	10g

步骤

01 山药洗净去皮切小丁，放入清水中备用。

02 粳米和制首乌丁洗净备用。

03 锅中烧开水，粳米、山药丁、核桃仁和制首乌丁一起入锅熬煮。

04 锅中原料煮到软而不烂即可出锅。

玉米香菇红枣汤

原料

熟玉米 1/2 根
鲜香菇 2 朵
红枣 5 颗

步骤

01 熟玉米剁成小段备用。
02 鲜香菇洗净，可以在香菇上刻个花装饰一下。
03 红枣洗净，用小刀在果肉上划一刀。
04 锅中烧开水，将玉米段、香菇和红枣一同放入沸水中煮10分钟就可以出锅啦。

黑豆面粥

原料

黑豆面粉	20g
小米	50g
山药豆	50g

步骤

01 小米淘干净，山药豆洗净备用。

02 锅中烧开水，加入小米熬煮10分钟。

03 往黑豆面粉中加一些水搅成黑豆面水，倒入小米中，放入山药豆，继续熬煮10分钟，加入黑豆面很容易溢锅，要小心。

04 出锅。可以加入一点盐，别有一番风味。

紫薯汤

食话 紫薯富含花青素，有抗氧化、延衰老的功效，但不宜多食，可能引起腹部不适。

原料

紫薯 80g
板栗子仁 80g

步骤

01 紫薯洗净切小丁。

02 锅中烧开水，加入紫薯丁和板栗子仁一起熬煮，煮至食材口感绵软即可出锅。